SPACE STATION ACADEMY

太空学院
揭秘地球

[英] 萨利·斯普林特 著

[英] 马克·罗孚 绘 罗乔音 译

中信出版集团 | 北京

图书在版编目（CIP）数据

揭秘地球 / （英）萨利·斯普林特著；罗乔音译；
（英）马克·罗孚绘. -- 北京：中信出版社，2025.1.
（太空学院）. -- ISBN 978-7-5217-7219-7

Ⅰ．P183-49

中国国家版本馆 CIP 数据核字第 2024NU5934 号

Space Station Academy: Destination Earth

First published in Great Britain in 2023 by Wayland

© Hodder and Stoughton Limited, 2023

Editor: Paul Rockett

Design and illustration: Mark Ruffle

Simplified Chinese translation copyright © 2025 by CITIC Press Corporation

ALL RIGHTS RESERVED

揭秘地球
（太空学院）

著　　者：〔英〕萨利·斯普林特
绘　　者：〔英〕马克·罗孚
译　　者：罗乔音
出版发行：中信出版集团股份有限公司
　　　　　（北京市朝阳区东三环北路 27 号嘉铭中心　邮编　100020）
承 印 者：北京瑞禾彩色印刷有限公司

开　　本：787mm×1092mm　1/16　　印　　张：24　　字　　数：960 千字
版　　次：2025 年 1 月第 1 版　　印　　次：2025 年 1 月第 1 次印刷
京权图字：01-2024-3958
书　　号：ISBN 978-7-5217-7219-7
定　　价：148.00 元（全 12 册）

图书策划　巨眼
策划编辑　陈瑜
责任编辑　王琳
营　　销　中信童书营销中心
装帧设计　李然

目录

本书人物

波特博士

莫莫

莎拉

麦克

星

乐迪

目的地：地球

欢迎大家来到神奇的星际学校——太空学院！在这里，我们将带大家一起遨游太空。快登上空间站飞船，和我一起学习太阳系的知识吧！

今天是星的生日，不过其他同学好像都忘了。因为他们正忙着准备拜访他们的母星——地球呢！

地球日快乐！

它想说的是"生日快乐"吧。

同学们，大家觉得眼前的地球怎么样？

我知道为什么人们叫它"蓝色星球"了，因为真的可以清楚地看到大片蓝色的海洋。

想想看，人类、动物、植物都生活在远处这个小小的星球上，太奇妙了！我现在甚至可以用一只手遮住它！

嗨，星！对不起，我们快把早餐吃光了。不过这儿还有一些面包。

教室里。

今天我们要参观的是地球！地球上有很多景色可看，有很多知识可学。说说看，你们知道哪些关于地球的知识？

地球是距离太阳第三近的行星。它是岩质行星，因为它的外壳是岩石，就像水星、金星、火星一样。

地球是太阳系体积第五大的行星，平均直径为12 800 千米。

好好听讲啊，星！地球是这样诞生的……

45 亿年前，地球诞生了。它是由旋转的尘埃云和太阳周围的气体聚合形成的。

1

灼热的岩浆逐渐冷却下来，在地表形成了坚硬的岩石。

地球内部岩浆喷涌，释放的水蒸气形成了云。从云层落下的雨水，和彗星撞击地球带来的冰一起，形成了海洋。

4

5

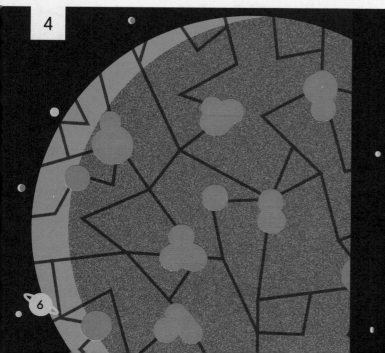

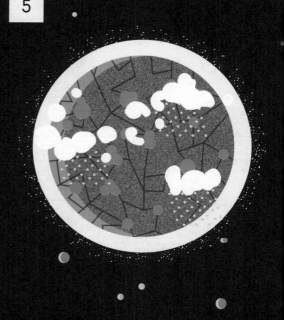

在引力的作用下，尘埃和气体等碰撞在一起，逐渐凝聚成一个巨大的、炽热的、旋转的球体。

刚刚形成的行星旋转着，内部形成了不同的圈层，外表冷却下来后形成一层脆弱的地壳。

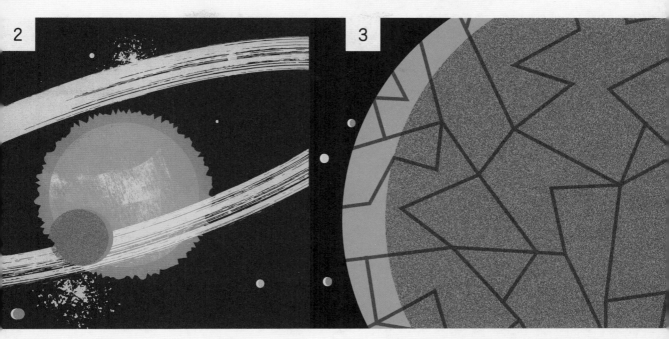

2

3

大约 3 亿年前，地球上只有一块广阔的大陆，叫"泛大陆"。环绕泛大陆的都是海洋，叫"泛大洋"。

陆地是由重叠的构造板块组成的，这些板块不断分裂、移动，形成了我们今天看到的大陆和海洋。

6

7

太好了，我们一起给地球过生日吧。那我的生日呢？

不久后。

大家准备好了吗?
大声告诉我吧!

祝你们在地球玩得开心，一会儿见，孩子们!

准备好了!

准备好了!

准备好了!

哼，你们都准备好了，也没人给我准备生日礼物。

地球绕太阳公转一周的时间为365天。这也就是我们说的一年。

是啊，我们每人每年都会过生日的！

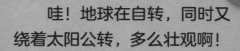

哇！地球在自转，同时又绕着太阳公转，多么壮观啊！

一天是24个小时，也就是地球自转一周所需的时间。

看，阳光正照在地球的这一边！

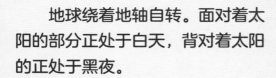

地球绕着地轴自转。面对着太阳的部分正处于白天，背对着太阳的正处于黑夜。

地轴是什么？

地轴是一根虚拟的轴，像一根长长的棍子，穿过地球的南北两极。地轴有 23.5°的倾斜角，这就是地球上有四个季节的原因。

地球绕太阳公转，同时也绕地轴自转。地轴总是固定往一个方向倾斜。

一年中有一半的时间，地球的上半部分，也就是北半球，会向太阳倾斜，太阳光直射在上面，此时北半球的白天更长、更热。与此同时，地球的下半部分，也就是南半球，因为没有太阳光直射，所以白天会更短、更冷。另外半年的情况则相反。

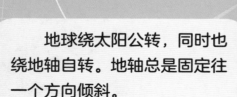

23.5°

我们乘着太空飞机，近距离看看吧。南半球上澳大利亚的悉尼此时是夏天，然而……

北半球上美国的纽约是冬天。我们先到地球上的第一站，再继续学习吧。

这里是观察地球独特之处的绝佳地点！你们觉得地球与太阳系中的其他星球有什么明显的不同？

地球是一个有生命的星球，数十亿种动物、植物在这里生活。

地球上有供我们呼吸的氧气，还有可饮用的水。

热带雨林容纳了地球上一半的动物和植物。

植物会吸收二氧化碳，并将氧气释放到大气中。

波特博士，为什么地球是唯一有生命的星球呢？

这与地球在太阳系中的位置有关。

它距离太阳的位置恰到好处，所以既不会太热，也不会太冷，这样才能孕育出生命。地球就位于太阳系中的"宜居带"上。

地球的"邻居"金星离太阳更近，所以表面太热，而另一位"邻居"火星的表面又太冷了。

太热

恰到好处

太冷

我们回太空飞机上吧！还有很多地方要去呢！

其实，这也是一次很不错的生日旅行！

下一站：壮丽的自然景观！

尽管地球是颗独特的星球，它与类地行星、卫星仍有许多共同之处。

看！火山！

没错，乐迪。这是夏威夷的冒纳罗亚火山，地球上最大的火山。它有 4 千米在海面以上，近 5 千米在海下。不过，与火星上高达 20 多千米的奥林帕斯火山相比，它可小得多了。在所有的岩质行星上，火山都能起到塑造地貌的作用。

现在我们来到了地球上最高的山峰——珠穆朗玛峰上。它有 8 848.86 米高呢。
太阳系中的灶神星上也有一座高山，是瑞亚西尔维亚环形山的中央峰，高达约 22 千米！

风好大啊！我们可别被吹下去了，这里太高了！

这里是尼亚加拉瀑布！这条壮观的瀑布位于加拿大和美国交界处，最高处约有 51 米。不过，论高度，尼亚加拉瀑布还是比不过火星上艾彻斯峡谷的瀑布，它有 4 000 米高呢！

这是美国亚利桑那州沙漠中的巴林杰陨石坑，它是地球上已发现的约 300 个陨石坑之一。大约 5 万年前，一颗含有铁的陨石撞到这里，形成了这个陨石坑。月球上有超过 10 万个陨石坑，其中也包括太阳系中最大的陨石坑——南极－艾特肯盆地！

现在，我们去看看地球上最热与最冷的地方！

大家看到了吗？白雪分别覆盖着地球的顶部和底部。它们的中心分别是北极和南极，是地球上最冷的地方。

北极

地球上最热的地方是赤道附近。赤道是位于地球正中间的一条看不见的线，也是南北半球分界线。赤道地区离太阳更近，所以最为炎热。

赤道

星，你想去哪儿参观？寒冷的极地还是炎热的赤道呢？

嗯，去寒冷的地方吧！

南极

噢！好冷啊！我们这是在哪儿？

这里的雪真美啊！就像生日蛋糕上的奶油一样。

我们快到北极了。这里没有陆地，只有平均约 3 米厚的冰层。

这里有动物吗？

有啊！北极熊生活在这里，主要以海豹为食。还有捕食北极兔的北极狐。独角鲸、虎鲸也在这一带活动，主要以鱼类为食。

厚厚的海冰对地球上的气候十分重要。它洁白光滑，能将炽热的阳光反射回太空，让地球保持适宜的温度。

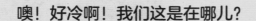

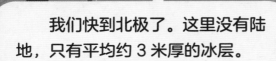
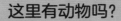

21

下一站：海底世界。

我们怎么到海底啦？那些是什么？

这些是海底热泉。海底热泉是从海底裂隙喷出的气液混合体。海水进入洞口，被地球内部的熔岩加热，达到一定温度后，又从洞口喷出来。

有科学家认为，地球的生命就起源于海底热泉附近。比如，这些巨型管状蠕虫就在这里不断繁衍！

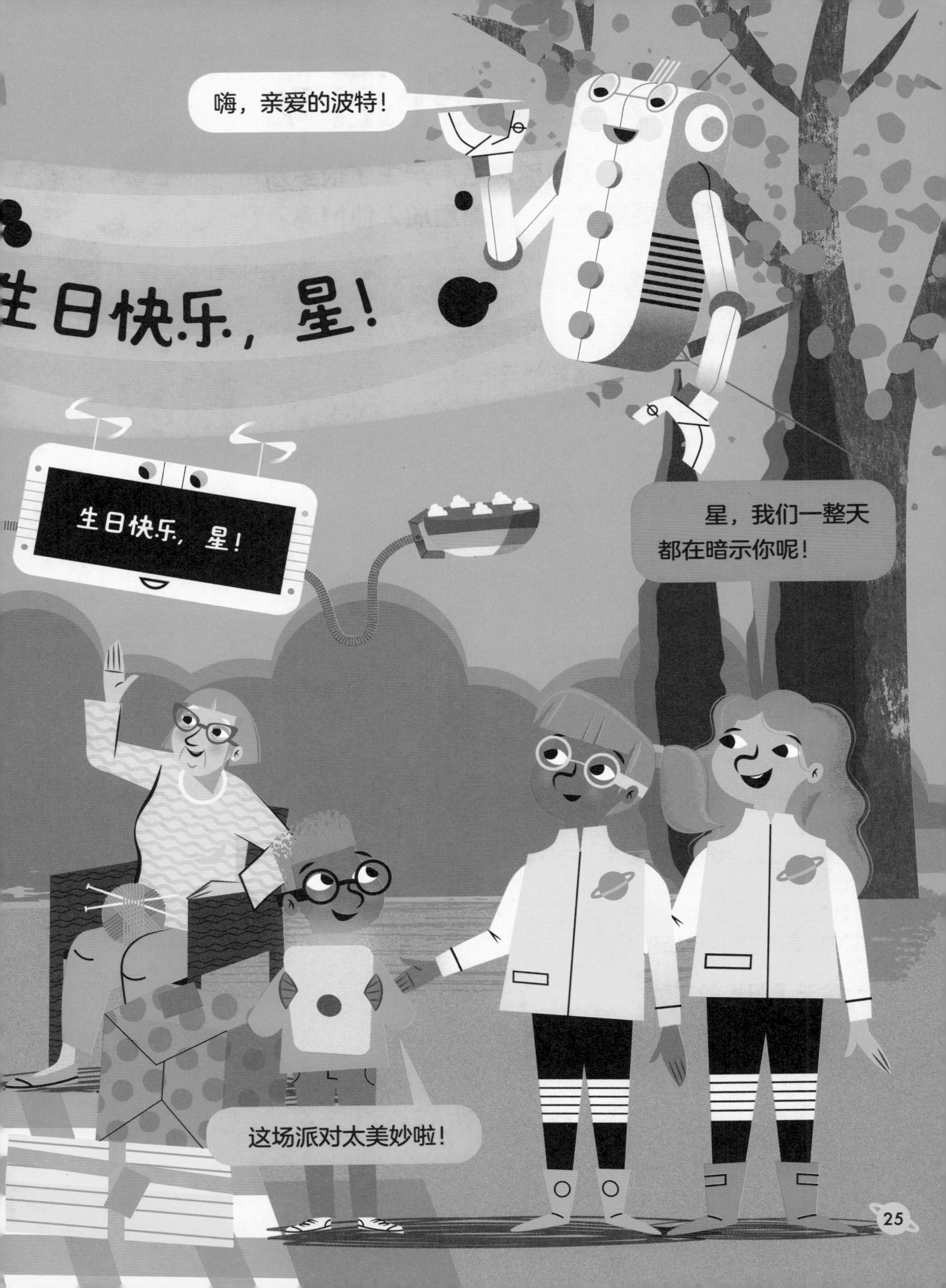
嗨，亲爱的波特！
生日快乐，星！
生日快乐，星！
星，我们一整天都在暗示你呢！
这场派对太美妙啦！

太空学院的课外活动

太空学院的同学们参观了地球之后，产生了很多新奇的想法，想要探索更多事物。你愿意加入他们吗？

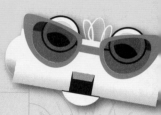

波特博士的实验

地球上的光来自太阳。光沿直线传播，所以如果有东西挡住了光，就会产生阴影。让我们利用阴影制造一座钟表吧！

材料

· 一根木棍，或一支垂直插在小块黏土上的铅笔
· 纸或石头
· 一支钢笔

方法

选一个晴朗的日子，把木棍插在地上，或者把铅笔和黏土块放在纸上。在周围留出一些空间，确保小棍投下的阴影清晰可见。

在木棍投下的阴影末端做一个标记，或者放一块石头。在石头上或纸上写下当时的时间。

每小时观察一次阴影的变化，记录下它的位置。

现在，一座影子时钟就做好了！人类用这种方法观测时间已经有 5 000 年了。

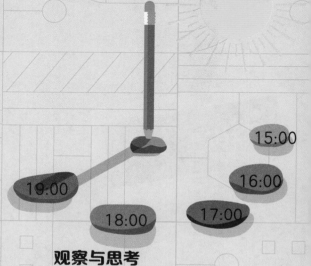

观察与思考

如果天空中有云飘过，阴影会有什么变化？

在一天中，阴影有什么改变？

把你的时钟放在原地，第二天再检验一下，看看你记录的时间是否准确。

另一个关于阳光的实验

用柠檬汁给你的好朋友写一封密信（生日祝福也可以），不要用墨水！把你的信放在阳光下，信上的字就会像魔法一样逐渐显现。

乐迪了解的地球小知识

地球表面的 71% 都是海洋！

地球的自转速度很快，不同的地方转速也不同。比如，在北极点和南极点，地球的转速为 0，但在赤道，地球的转速可达每秒 460 米。

星的地球数学题

地球的周长约为 40 075 千米。如果你环游世界，每小时前进 24 千米，绕地球一周要花几天？请把你的答案四舍五入。另外，还有一个有趣的问题：数数看赤道穿过了多少个国家？这个数字有什么特殊之处？

赤道

莎拉的地球图片展览

这是地球。看，海洋、云层和冰层覆盖着多么广阔的区域啊！你能找到陆地吗？

这是地球和月球，完美展示了白天与黑夜。想想看，我们拍这张照片时，太阳在哪里？

莫莫的调研项目

地球上有许多陨石坑。它们都在哪里？有多大？将它们与其他行星上的陨石坑进行比较。

地球上的陨石坑

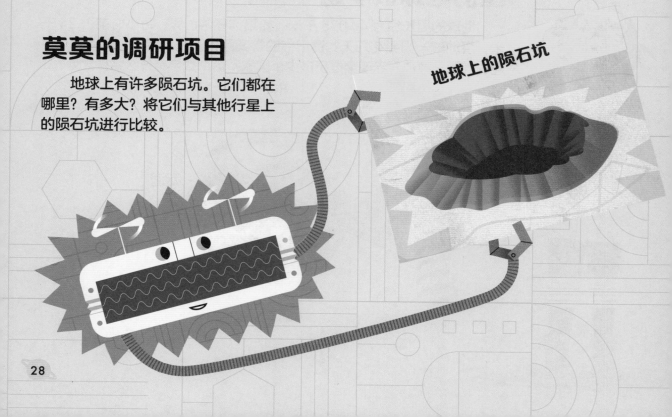

在加拿大上空的大气层中，可以看到蔓延的极光。这是怎么形成的？你能看到下面陆地上的灯光吗？

看！这是在太平洋上空旋转的飓风。

数学题答案

70 天。13 个国家——13 是个质数。

词语表

大气层：环绕行星或卫星的一层气体。

地核：地球的中心部分。

地壳：地球的最外层。

构造板块：巨大的、缓缓移动的岩石板块，地球的地壳就是几个板块构成的。

轨道：本书中指天体运行的轨道，即绕恒星或行星旋转的轨迹。

彗星：当靠近太阳时能够较长时间大量挥发气体和尘埃的一种小天体。

太阳系：由太阳以及一系列绕太阳转的天体构成。

压力：一个物体挤压另一个物体的力。

引力：将一个物体拉向另一个物体的力。

陨石：落在行星、卫星等表面的、来自太空的固体物质。

陨石坑：天体（比如月球）表面由小天体撞击而产生的巨大的、碗状的坑。

直径：通过圆心或球心且两端都在圆周或球面上的线段。

轴：物体（比如行星）绕着一根虚构的线旋转，这根线就是轴。